DESCRIPTION

DE

LA SPHERE,

ET

DES GLOBES.

DEDIEZ ET PRESENTEZ

A MONSEIGNEUR

LE DAUPHIN.

Le 14. Mars 1704.

Par N. BION, *Ingenieur pour les Instrumens de Mathematique.*

M. DCC. IV.

Avec Privilege du Roy.

DESCRIPTION

DU

GLOBE CELESTE.

LES Boules des Globes sont d'un pied de diametre. Toutes les constellations du Firmament sont correctement gravées sur le Globe celeste, & les Etoiles exactement placées suivant leur longitude & latitude conformement aux nouvelles Obſervations des plus habiles Aſtronomes, & diſtinguées ſuivant leur differente grandeur. Les figures deſdites Conſtellations ſont proprement colorées comme il leur convient, & les Etoiles argentées afin de les faire mieux paroître.

Ce Globe eſt attaché par ſon Axe à un Meridien de cuivre doré diviſé par degrez des deux côtez en 4. quarts de 90. deg. Sur chacune de ſes ſurfaces il y a moitié de ces quarts qui ſe compte depuis l'Equateur juſqu'aux Poles, & l'autre moitié de puis les Poles juſqu'à l'Equateur.

Sur le Meridien autour du Pole arctique eſt attaché un Cercle horaire diviſé en deux fois 12. heures, & une Eguille à l'axe du Globe pour ſervir à ſes differens uſages.

Au point du Meridien qui repreſente le Zenith eſt placé un quart de cercle vertical ou azimutal, pareillement de cuivre doré diviſé en 90. degrez, qui ſe comptent depuis l'horiſon juſqu'au Zenith.

Ce Globe avec ſon Meridien tourne dans l'horiſon de figure octogone par dehors.

Sur cet horifon font tracez plufieurs cercles, dont l'interieur eſt pour les douze figues du Zodiaque, diviſés chacun en 30. degrez; les autres cercles comprenent les douze mois de l'année diviſez chacun en leur nombre de jours avec les feſtes & les lettres dominicales. Dans les angles font les huit principaux vents avec les noms qu'on leur donne fur l'Ocean, & fur la mer Mediterranée.

Et comme fur ce Globe fe trouvent les deux Equinoxes & les deux Solſtices qui font les termes des quatre Saifons de l'année , on a trouvé à propos de faire supporter son horison par quatre figures qui ont rapport auxdites quatre Saisons.

Le Printemps est marqué par une figure de femme couronée de fleurs , qui tient en sa main un bouquet , & qui represente la Déesse Flore.

L'Eté est marqué par une autre figure de femme couronée d'Epis de blé , laquelle tient d'une main une faucille , & de l'autre une gerbe de blé , & qui represente la Déesse Ceres.

L'Automne est marqué par

une figure d'homme couronné de grappes de raisin , tenant en sa main une couppe pleine de vin , & qui represente le Dieu Bacchus : son air riant fait connoître que cette liqueur rend le cœur gay.

L'hyver est marqué par une figure de Vieillard tout couvert d'une grosse drapperie , tenant en sa main une poële de feu dont il se chauffe.

Le bas de ces quatre figures qui sont proprement sculptées & dorées se termine en consô-le apuyée sur une base circulaire, dans le milieu de laquelle est une boussole de cuivre doré

divisée en trente-deux vents,
avec une Eguille aimantée,
dont le bout où est le petit
anneau marque le Nord où le
Septentrion servant à orien-
ter le Globe, ayant egárd à la
declinaison de l'aiman.

Aux costez de la Boussole
sont deux Dauphins joints en-
semble par leur queuë, qui
servent à porter le Meridien
& le Globe.

Description du Globe terrestre.

On a marqué sur ce Glo-
be tous les Païs & Etats con-
nus ; dont les principaux sont

place · suivant les Memoires
& les nouvelles obfervations
de Meffieurs de l'Academie
Royale des Sciences , & quoy
qu'il y ait quantité de pofi-
tions fur ce Globe , elles y font
neanmoins fi bien diftinguées
qu'elles n'y font aucune con-
fufion ; on y trouve plufieurs
remarques tres-curieufes, comme auffi les routes par mer
qu'ont tenu les plus experi-
mentez Pilotes avec leurs nouvelles decouvertes ; les divi-
fions des Royaumes y font
tres-finement colorées.

Le Meridien , le Cercle horaire & , l'Horifon de ce Glo-

be font de même que ceux du Celefte, à la referve que les Climats font marquez fur ce Meridien.

A l'égard des quatre figures qui fuportent l'horifon, elles convienent affez bien au fujet, puis qu'elles reprefentent les quatre parties du monde.

L'Europe qui tient le premier rang, par fa fituation, par fa fertilité avantageufe, par la magnificence de fes habitans, & leur application à cultiver les Sciences & les beaux Arts, eft reprefentée par la figure d'Apollon couroné de laurier, tenant fa Lire en

main : il eſt le pere de lumiere
& le protecteur des Muſes ;
il eſt auſſi la deviſe de Sa
Majeſté, qui eſt le plus grand
& le plus puiſſant Monarque
de l'Europe, & qui merite-
roit ſeul par ſes éminentes ver-
tus de la poſſeder toute entiere.

L'Aſie eſt repreſentée par
la figure d'un Mahometan
coëffé d'un Turban, tenant en
ſa main un Sceptre terminé
d'un Croiſſant, qui fait connoître que le Grand Seigneur
poſſede les principaux Etats
de cette partie du monde.

L'Afrique eſt repreſentée
par la figure d'une femme Ne-

gre coëffée dun Turban , tenant d'une main un Perro-
quet , & de l'autre un arc,
lequel avec les fléches qui font
dans fon carquois , font voir
que les Africains font fort ad-
donnez à la chaffe.

L'Amerique eft reprefentée
par une autre figure de femme coëffée & ornée de divers
plumages fuivant la maniere
du païs ; elle tient en fa main
un gros Lezard , qui eft une
efpece d'animaux fort com-
muns en cette partie du monde, dont ces peuples fe nour-
riffent en les faifant rôtir fur
des charbons.

Ces quatre figures se terminent en console , & sont
appuyées sur une base circulaire , au milieu de laquelle est
une Boussole & des Dau-
phins qui servent à porter ce
Globe.

Description de la Sphere Armillaire.

Cette Sphere est composée
des dix principaux Cercles que
les Astronomes ont imaginé
dans la Spere du monde , pour
expliquer le mouvement jour-
nalier que les Cieux paroissent
avoir autour de la Terre d'O-

rient en Occident ſur les Poles du monde.

Ces Cercles ſe diſtinguent en ſix grands & quatre petits ; les ſix grands ſont l'Equateur, le Zodiaque, le Colure des Equinoxes, celuy des Solſtices, le Meridien & l'Horizon : Les quatre petits ſont les deux Tropiques , & les deux Cercles Polaires.

L'Equateur eſt diviſé en 360. degrez qui ſe comptent tout de ſuite d'Occident en Orient, commençant au premier point du Bellier, pour diſtinguer les aſcenſions droites des Aſtres & des autres points du Ciel.

Le Zodiaque qui renferme dans ſon milieu l'Ecliptique, eſt diviſé en ſes douze ſignes qui ſont proprement gravez par dedans & par dehors, & chaque ſigne eſt ſubdiviſé en trente degrez par des portions de cercle qui tendent au Pole de l'Ecliptique pour ſervir à connoître les longitudes des Aſtres, qui ſe comptent pareillement d'Occident en Orient, en commençant au premier point du Bellier. On y a joint la diviſion des douze

mois de l'année diftinguez par
le nombre des jours que chacun d'eux contient , afin de
connoître leur raport avec les
degrez des fignes.

L'Ecliptique qui eft la route
annuelle du Soleil , doit eftre
imaginée fans aucune largeur,
mais on donne environ 8. degrez de chaque cofté au Zodiaque pour marquer les plus
grandes latitudes Septentrio-
nales & Meridionales des autres Planetes.

Les deux Colures qui fer-
vent à diftinguer les 4. points
Cardinaux de l'Ecliptique, où
les termes des 4. Saifons de

l'année, sont aussi divisés de
costé & d'autre en 4. quarts
de 90. deg. pour avoir la declinaison des Paralleles de l'E-
quateur.

Le Meridien & l'Horison
sont de même qu'aux Glo-
bes. Le quart de Cercle vertical posé sur le Meridien du
Globe celeste, peut aussi s'a-
juster sur les Meridiens de la
Sphere & du Globe Terrestre.

Les deux Tropiques & les
deux Cercles Polaires qui servent à determiner les cinq
Zones, sont aussi divisez de
côté & d'autre en 4. fois 90.
degrez.

Au dedans de la Sphere Armillaire font deux quarts de Cercle, dont le plus grand, qui eft attaché par un bout de fon axe au Pole feptentrional de l'Ecliptique , porte le Soleil ; & le plus petit qui eft attaché à 5. degrez prés dudit Pole, porte la Lune, pour fervir à faire connoître les mouvemens particuliers de ces Planetes & leurs Eclipfes.

Au milieu de la Sphere, on a placé un Globe terreftre d'une groffeur convenable pour y pouvoir diftinguer les principales parties de la terre , & le raport que les Cercles qui y font tracez ont avec ceux de la Sphere.

Et comme les quatre Elemens font renfermez dans la Sphere du monde, on a trouvé à propos de faire fupporter fon Horifon par 4. figures, qui ont rapport aux fufdits Elemens.

La Terre y eft reprefentée par une figure de femme d'un air grave, avec une Couronne Murale, qui marque les Villes & les Fortereffes qui font fur la furface de la Terre ; elle porte fous fon bras un lion qui paffe pour le Roy des animaux terreftres.

L'eau eſt repreſentée par la figure d'un Fleuve couronné de Joncs , & autres Plantes aquatiques ; ſes cheveux droits, & ſa longue barbe luy donnent un air venerable ; il porte ſous un de ſes bras une Urne verſante de l'eau , & de l'autre main il tient un Trident pour ſignifier qu'il eſt maiſtre des eaux.

L'air eſt repreſenté par une figure de femme ; ſon viſage marque beaucoup de vivacité; ſes cheveux élevez & voltigeans font connoître l'agitation de cet élement ; elle tient ſous ſon bras un Paon, qui eſt le plus beau des Oiſeaux qui voltigent en l'air.

Le Feu eſt repreſenté par une figure d'Homme ; ſon air actif, & ſes cheveux enflamez le diſtinguent aſſez ; il tient d'une main une pierre à fuſil dont il s'eſt ſervi pour allumer le flambeau qu'il tient de l'autre main.

Ces quatre figures ſe terminent comme les autres en Conſole , & ſont appuyées ſur une baſe circulaire, au milieu de laquelle eſt la Bouſſole & les Dauphins qui ſervent à porter la Sphere.

Toutes ces trois pieces, ſçavoir les deux Globes & la Sphere avec leurs supports sont posez chacun sur une espece de gueridon composé de trois grands Dauphins, dont les queuës entrelassées portent le haut du gueridon, & les trois testes sont appuyéès sur une base triangulaire portée par trois griffes, le tout tres-proprement sculpté & doré.

On ne s'est point arresté à décrire icy les differens usages de ces Instrumens, parceque le sieur Bion a donné au Public depuis quelques années un Livre dont il s'est fait deja plusieurs editions, dans lequel

tous ces usages sont expliquez
fort au long , & avec beaucoup de netteté : sa demeure
est sur le Quay de l'Horloge du
Palais, au quart de Cercle.

A PARIS,
De l'Imprimerie de D. JOLLET,
au bout du Pont Saint Michel,
au Livre Royal.